Florian Ion T. PETRESCU

I0470991

BAZELE ANALIZEI SISTEMELOR CU MEMORIE RIGIDĂ
-INDRUMAR DE LABORATOR-

CREATE SPACE PUBLISHER
-USA 2012-

Scientific reviewer:

Dr. Veturia CHIROIU
Honorific member of
Technical Sciences Academy of Romania (ASTR)
PhD supervisor in Mechanical Engineering

Copyright

Title book: Bazele Analizei Sistemelor cu Memorie Rigida – Indrumar de laborator

Author book: Florian Ion T. PETRESCU

ISBN 978-1-4818-7366-6

CUPRINS

A1-DETERMINAREA EXPERIMENTALĂ A VALORII CRITICE A UNGHIULUI DE PRESIUNE PENTRU MECANISMELE CU CAMĂ

1. Scopul lucrării

Pentru proiectarea unui mecanism cu camă şi tachet, este necesară cunoaşterea valorii critice a unghiului de presiune. În timpul funcţionării, unghiul de presiune efectiv nu trebuie să ajungă la valoarea lui critică, pentru evitarea blocării tachetului în ghidaj.

2. Principiul lucrării

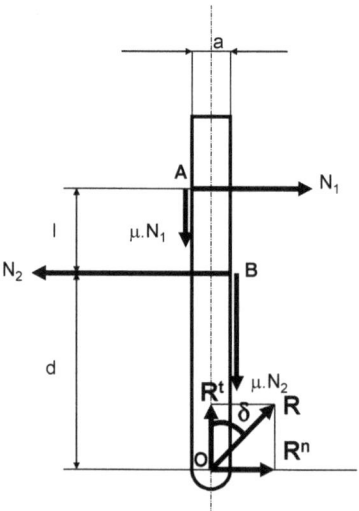

Fig. 1. Tachet cu rolă; forte si lungimi.

Se consideră un mecanism cu camă de rotaţie plană, cu tachet de translaţie prevăzut cu rolă.

Sistemul de forţe care realizează echilibrul tachetului este reprezentat în figură.

Se consideră că blocarea tachetului se produce în principal datorită forţelor de frecare din ghidaj, făcându-se aprecierea că frecarea dintre rolă şi camă, cât şi cea din articulaţia rolei este relativ mică.

Reacţiunea R ce se transmite de la camă către tachet, este înclinată cu unghiul de presiune δ faţă de axa tachetului (direcţia lui de deplasare).

Componenta normală R^n a reacţiunii produce rotirea în sens trigonometric a tachetului în ghidaj, ceea ce conduce la apariţia, în punctele extreme ale ghidajului a reacţiunilor N_1 şi N_2.

Componenta tangenţială R^t reprezintă forţa motoare ce acţionează tachetul pentru a fi ridicat.

Blocarea tachetului se produce când forţa motoare R^t nu poate să învingă forţele de frecare din ghidaj.

Pe figură s-a mai notat cu l distanţa dintre punctele extreme ale ghidajului, cu d, distanţa variabilă măsurată de la ghidaj până la articulaţia rolei, iar cu a lăţimea tachetului.

Din cele trei ecuaţii independente, se obţin :

$$N_1 = \frac{d \cdot tg\,\delta - \dfrac{a}{2}}{l - \mu \cdot a} \cdot R^t \quad (1) \qquad N_2 = \frac{(d + l) \cdot tg\,\delta + \dfrac{a}{2}}{l + \mu \cdot a} \cdot R^t \quad (2)$$

$$R^t > \mu \cdot N_1 + \mu \cdot N_2 \qquad (3)$$

Din cele trei relaţii se obţine în final forma (4).

Deoarece lungimea a este mult mai mică decât lungimile l şi d, iar coeficientul de frecare μ are întotdeauna valori subunitare, se poate neglija termenul $-\mu \cdot a$ din relaţia (4) care capătă forma aproximativă, simplificată (5):

$$tg\,\delta_{cr} = \frac{l}{\mu \cdot (l + 2 \cdot d - \mu \cdot a)} \qquad (4)$$

$$tg\,\delta_{cr} = \frac{l}{\mu \cdot (l + 2 \cdot d)} \qquad (5)$$

3. Metoda de lucru

Pe mecanismul cu camă se măsoară parametrii constanţi l, d=d_{max} şi a. Cu relaţia (4) se determină δ_{cr} exact pentru diferiţi coeficienţi de frecare μ şi se completează primul rand din tabelul următor. Apoi cu relaţia (5) se calculează δ_{cr} aproximativ pentru diversele valori ale lui μ şi se completează ultimul rând din tabelul următor:

l	d_{max}	a	Valorile coeficientului de frecare, μ										
[mm]			0.02	0.03	0.04	0.05	0.06	0.07	0.08	0.09	0.12	0.15	0.18
δ_{cr} exact													
δ_{cr} aprox													

A2-DETERMINAREA EXPERIMENTALĂ A PARAMETRILOR DE POZIȚIE PENTRU MECANISMELE CU CAMĂ ȘI TACHET; OBȚINEREA VITEZELOR ȘI ACCELERAȚIILOR PRINTR-O METODĂ DE DERIVARE NUMERICĂ APROXIMATIVĂ BAZATĂ PE DEZVOLTAREA UNEI FUNCȚII ÎN SERIE TAYLOR

1. Noțiuni introductive

Un mecanism cu camă și tachet se compune în principiu dintr-un element conducător, profilat, numit camă, și un element condus, numit tachet. Legătura dintre camă și tachet se face printr-o cuplă superioară. Cama poate fi rotativă, sau translantă. Se va studia în continuare cama clasică rotativă. Tachetul poate fi translant sau rotativ. Se va studia în continuare tachetul translant. El poate fi cu vârf, cu rolă, cu talpă, profilat, etc. Se va avea în vedere un tachet cu vârf sau cu rolă.

Ștandul experimental se compune dintr-un arbore de distribuție (arbore cu came), sau dintr-o camă rotativă profilată, și un ceas comparator, care ține loc de tachet translant cu vârf (rolă) (vezi figura 1). Ceasul comparator poate măsura deplasarea liniară a tachetului, cu o precizie de o sutime de milimetru.

Fig. 1. *Ștandul experimental compus din camă rotativă și ceas comparator*

Cama are în general patru faze de lucru: ridicarea (urcarea), staționarea pe cercul superior (de vârf), coborârea (revenirea), staționarea pe cercul inferior (de bază). Ridicarea și coborârea sunt obligatorii. Staționările superioară sau inferioară pot însă să lipsească.

2. Modul de lucru

Deplasarea s a tachetului se citește pe ceasul comparator (în mm) cu o precizie de sutimi de milimetru (cadranul ceasului e împărțit în 100 diviziuni, fiecare reprezentând o sutime de milimetru; de câte ori acul se dă peste cap se mai adaugă un mm), pentru fiecare poziție φ a camei. Unghiul φ ia valori de la 0 la 360 grade sexazecimale [deg], și cum măsurătorile se fac din 10 în 10 grade [deg] rezultă un tabel cu 5 coloane și 37 rânduri.

Măsurătorile se trec în mm în tabelul 1. În principiu valorile s_{37} și s_1 trebuie să coincidă.

Tabelul 1

Nr. crt. k	φ[deg]	s_k[mm]	s_k'[mm]	s_k''[mm]
1	0			
2	10			
	...	...	...	...
36	350			
37	360			

Dacă deplasarea s a tachetului se face experimental prin citiri succesive, vitezele reduse și accelerațiile reduse ale tachetului se determină prin calcul pentru fiecare unghi φ (pentru fiecare poziție a camei) și pentru fiecare s măsurat corespunzător. Se utilizează metoda derivării numerice aproximative, care se bazează pe dezvoltarea funcțiilor în serie taylor. Formulele de calcul numeric ce se vor utiliza sunt date de sistemul (1).

$$
\begin{cases}
s_k' = \dfrac{s_{k+1} - s_{k-1}}{2 \cdot \Delta\varphi}; \quad \Delta\varphi = 10 \cdot \dfrac{\pi}{180} = \dfrac{\pi}{18} = 0{,}1745 ; \quad 2 \cdot \Delta\varphi = 0{,}349 \\[2mm]
\Rightarrow s_k' = \dfrac{s_{k+1} - s_{k-1}}{0{,}349} \quad pentru \quad un \quad pas \quad \Delta\varphi = 10\,[\text{deg}]; \\[4mm]
s_k'' = \dfrac{s_{k+1} + s_{k-1} - 2 \cdot s_k}{(\Delta\varphi)^2}; \quad \Delta\varphi = 0{,}1745 ; \Rightarrow (\Delta\varphi)^2 = 0{,}03 \\[2mm]
\Rightarrow s_k'' = \dfrac{s_{k+1} + s_{k-1} - 2 \cdot s_k}{0{,}03} \quad pentru \quad un \quad pas \quad \Delta\varphi = 10\,[\text{deg}];
\end{cases}
\tag{1}
$$

Observație: dacă măsurătorile se vor face cu precizie mai mare, din 5 în 5 grade sexazecimale [deg], se vor utiliza relațiile de calcul din sistemul (2).

$$\left\{ \begin{aligned} & s_k^{'} = \frac{s_{k+1} - s_{k-1}}{2 \cdot \Delta\varphi} ; \quad \Delta\varphi = 5 \cdot \frac{\pi}{180} = \frac{\pi}{36} = 0,087 ; \quad 2 \cdot \Delta\varphi = 0,1745 \\ & \Rightarrow s_k^{'} = \frac{s_{k+1} - s_{k-1}}{0,1745} \quad pentru \quad un \quad pas \quad \Delta\varphi = 5[deg]; \\ & s_k^{''} = \frac{s_{k+1} + s_{k-1} - 2 \cdot s_k}{(\Delta\varphi)^2} ; \quad \Delta\varphi = 0,087 ; \Rightarrow (\Delta\varphi)^2 = 0,0076 \\ & \Rightarrow s_k^{''} = \frac{s_{k+1} + s_{k-1} - 2 \cdot s_k}{0,0076} \quad pentru \quad un \quad pas \quad \Delta\varphi = 5[deg]; \end{aligned} \right. \tag{2}$$

Se completează întregul tabel 1 (37 poziții).

În continuare se trasează diagramele s=s(φ); s'=s'(φ); s''=s''(φ), pe hârtie milimetrică, asemănător modelului din figura 2, și se determină cele patru unghiuri de fază: φ_u, φ_{ss}, φ_c, φ_{si}.

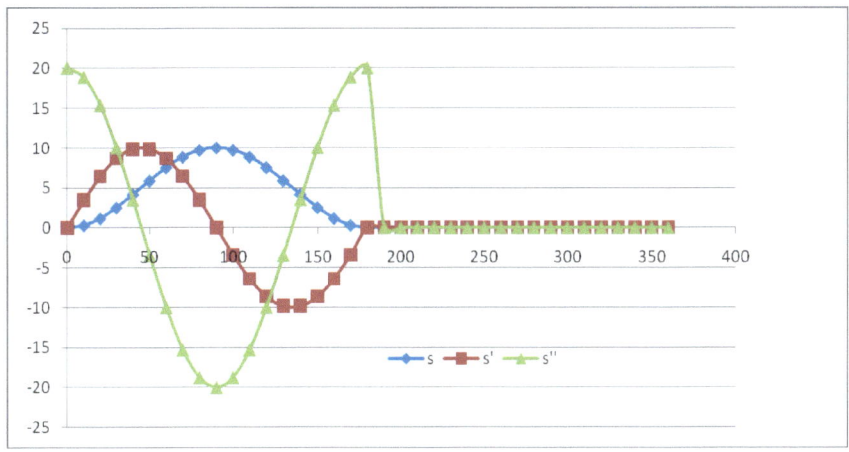

Fig. 2. *Diagramele legilor de mișcare ale tachetului: s=s(φ); s'=s'(φ); s''=s''(φ)*

A3-A6-DETERMINAREA LEGILOR DE MIŞCARE ŞI A RAZEI MINIME A CERCULUI DE BAZĂ, PENTRU O CAMĂ CLASICĂ. TRASAREA (SINTEZA) PROFILULUI CAMEI. DETERMINAREA RANDAMENTULUI CUPLEI

O camă rotativă este alcătuită practic din două cercuri concentrice (un cerc interior de bază, şi un cerc exterior de vârf), racordate între ele prin două arce de cerc aşa cum se vede în figura de mai jos. Se constituie patru sectoare principale. Cel de urcare (de la cercul de bază la cel de vârf), cel de staţionare superioară (pe cercul de vârf; de rază R_M), cel de coborâre (revenire de pe cercul de vârf pe cel de bază), şi ultimul de staţionare inferioară (pe cercul de bază; de rază R_0). Fiecărui sector îi corespunde un unghi φ, de rotaţie a camei. Apar astfel patru unghiuri: $\varphi_u, \varphi_{ss}, \varphi_c, \varphi_{si}$. Evident suma celor patru unghiuri este întotdeauna 2π [rad], sau 360 [deg].

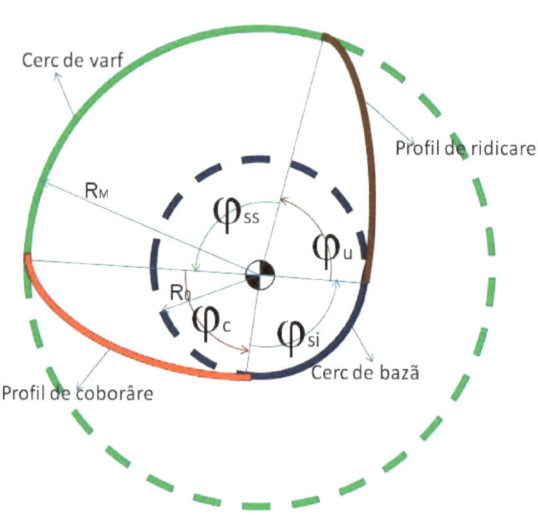

Fig. 1. *Schema cinematică a unei came simple*

Se impun valorile unghiurilor $\varphi_u, \varphi_{ss}, \varphi_c, \varphi_{si}$, și legile de mișcare pentru profilul de ridicare și pentru cel de coborâre.

Se dă și deplasarea (ridicarea maximă a tachetului) $s_{max}=h$.

A3

Se cere să se determine valorile legilor de mișcare ale tachetului și să se traseze diagramele legilor de mișcare (ale tachetului), pentru o rotație completă a camei.

Utilizând relațiile impuse, separat pentru urcare și coborâre, se completează tabelul următor.

α_u [deg]	s_u [mm]	s_u' [mm]	s_u'' [mm]	φ	α_c [deg]	s_c [mm]	s_c' [mm]	s_c'' [mm]	φ [deg]
0				0	0				$\varphi_u+\varphi_{ss}$
10				10	10				$\varphi_u+\varphi_{ss}$ +10
...				...	...				...
φ_u				φ_u	φ_c				$\varphi_u+\varphi_{ss}$ +φ_c

În continuare se trasează diagramele $s=s(\varphi)$; $s'=s'(\varphi)$; $s''=s''(\varphi)$, pe hârtie milimetrică, asemănător modelului din figura 2, și se determină cele patru unghiuri de fază: φ_u, φ_{ss}, φ_c, φ_{si}.

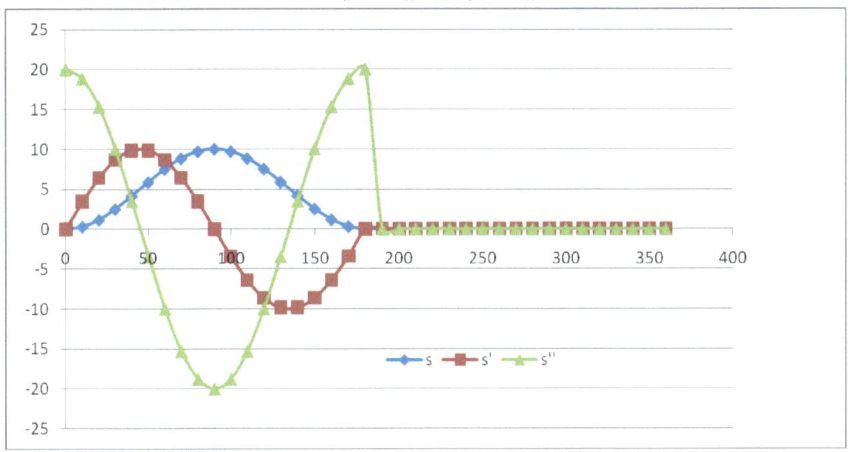

Fig. 2. *Diagramele legilor de mișcare ale tachetului: s=s(φ); s'=s'(φ); s''=s''(φ)*

A4

Cu ajutorul datelor din tabelul anterior se trasează diagrama s=s(s'), care are în general un aspect asemănător celui următor. Scara trebuie să fie 1-1 sau mărită identic. Se duc tangentele la profil înclinate cu unghiurile critice de presiune pentru urcare respectiv coborâre măsurate de la verticală. Triunghiul hașurat reprezintă zona în care se poate poziționa centrul de rotație al camei. Pentru ca raza cercului de bază să fie cât mai mică putem lua centrul camei chiar în punctul de intersecție al tangentelor, A. Dacă se impune o dezaxare e se duce dreapta paralelă cu verticala astfel încât de la ea la axa Os să avem o distanță e, iar centrul camei va trebui să fie în triunghiul hașurat și pe dreapta respectivă. Pentru o rază R_0 minimă se poate lua centrul camei în punctul B. Mărimea razei R_0 în mm, se află prin măsurarea grafică a segmentului care-i corespunde. Dacă desenul nu a fost conceput la scara 1/1, atunci pentru mărimea reală a razei cercului de bază trebuie făcută corecția conform scării utilizate.

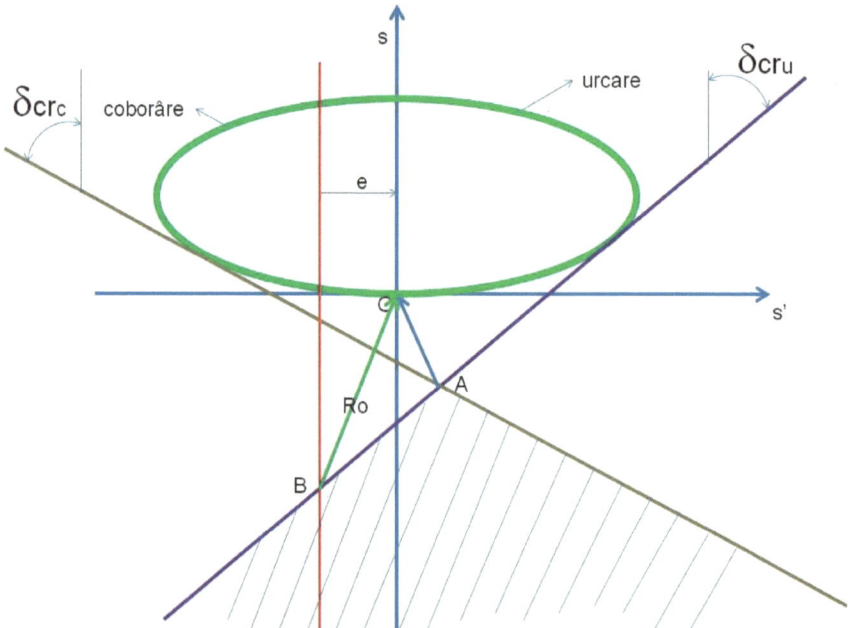

Fig. 3. *Diagrama s=s(s'); determinarea lungimii minime a razei cercului de bază*

A5

TRASAREA (SINTEZA) PROFILULUI CAMEI CLASICE

O metodă rapidă de sinteză geometrică este cea a coordonatelor carteziene.

În sistemul fix xOy, coordonatele carteziene ale punctului A de contact (aparţinând tachetului 2) sunt date de proiecţiile vectorului de poziţie r_A pe axele Ox respectiv Oy, şi au expresiile analitice exprimate de sistemul relaţional (1).

$$\begin{cases} x_T = r_A \cdot \cos\left(\varphi + \tau + \dfrac{\pi}{2} - \varphi\right) = r_A \cdot \cos\left(\dfrac{\pi}{2} + \tau\right) = -r_A \cdot \sin \tau = \\[2mm] = -r_A \cdot \dfrac{s'}{r_A} = -s' \\[4mm] y_T = r_A \cdot \sin\left(\varphi + \tau + \dfrac{\pi}{2} - \varphi\right) = r_A \cdot \sin\left(\dfrac{\pi}{2} + \tau\right) = r_A \cdot \cos \tau = \\[2mm] = r_A \cdot \dfrac{r_0 + s}{r_A} = r_0 + s \end{cases} \tag{1}$$

În sistemul mobil x'Oy', coordonatele carteziene ale punctului A de contact (aparţinând profilului camei 1 care s-a rotit orar cu unghiul φ), sunt date de relaţiile sistemelor (2-3).

$$\begin{cases} x_C = r_A \cdot \cos\left(\varphi + \tau + \dfrac{\pi}{2} - \varphi + \varphi\right) = r_A \cdot \cos\left(\dfrac{\pi}{2} + \tau + \varphi\right) = \\[2mm] = r_A \cdot \sin\left(-\varphi - \tau\right) = -r_A \cdot \sin\left(\varphi + \tau\right) = \\[2mm] = -r_A \cdot \left(\sin \varphi \cdot \cos \tau + \sin \tau \cdot \cos \varphi\right) = \\[2mm] = -r_A \cdot \dfrac{r_0 + s}{r_A} \cdot \sin \varphi - r_A \cdot \dfrac{s'}{r_A} \cdot \cos \varphi = \\[2mm] = -\left(r_0 + s\right) \cdot \sin \varphi - s' \cdot \cos \varphi \\[4mm] y_C = r_A \cdot \sin\left(\varphi + \tau + \dfrac{\pi}{2} - \varphi + \varphi\right) = r_A \cdot \sin\left(\dfrac{\pi}{2} + \tau + \varphi\right) = \\[2mm] = r_A \cdot \cos\left(-\varphi - \tau\right) = r_A \cdot \cos\left(\varphi + \tau\right) = \\[2mm] = r_A \cdot \left(\cos \varphi \cdot \cos \tau - \sin \tau \cdot \sin \varphi\right) = \\[2mm] = r_A \cdot \dfrac{r_0 + s}{r_A} \cdot \cos \varphi - r_A \cdot \dfrac{s'}{r_A} \cdot \sin \varphi = \\[2mm] = \left(r_0 + s\right) \cdot \cos \varphi - s' \cdot \sin \varphi \end{cases} \tag{2}$$

$$\begin{cases} x_C = -s' \cdot \cos \varphi - (r_0 + s) \cdot \sin \varphi \\ \\ y_C = (r_0 + s) \cdot \cos \varphi - s' \cdot \sin \varphi \end{cases} \qquad (3)$$

Trasarea profilului camei se realizează în coordonate carteziene, xOy, ele determinându-se pentru un întreg ciclu cinematic (360 deg); se utilizează relațiile (3).

Raza cercului de bază s-a determinat la punctul anterior; $R_0 = r_0$ [mm]. s, s' și φ, se iau din tabelul anterior, pentru urcare și respectiv coborâre, în vreme ce pentru staționarea pe cercurile de vârf sau de bază, acestea au valori constante; pe cercul de vârf $s = s_{max} = h$, s'=0, iar pe cercul de bază $s = s_{min} = 0$, s'=0.

Pentru porțiunea de ridicare unghiul φ are aceleași valori cu unghiul α_u, variind de la 0 la φ_u.

Pentru staționarea pe cercul de vârf, φ variază de la φ_u la $\varphi_u + \varphi_{ss}$.

Pe porțiunea de coborâre, φ variază de la $\varphi_u + \varphi_{ss}$ la $\varphi_u + \varphi_{ss} + \varphi_c$.

La staționarea pe cercul de bază, φ variază de la $\varphi_u + \varphi_{ss} + \varphi_c$ la $\varphi_u + \varphi_{ss} + \varphi_c + \varphi_{si}$.

Observație: Dezaxarea e dintre axa tachetului și cea a camei, nu influențează sinteza geometro-cinematică a mecanismului la cama clasică (cu tachet translant plat).

A6

DETERMINAREA RANDAMENTULUI CUPLEI

În continuare se va prezenta o metodă exactă de calcul a coeficientului TF la mecanismele de distribuție clasice, cu camă rotativă și tachet de translație cu talpă (tachet de translație plat), adică la Modulul clasic de distribuție, Modulul C.

În figura 4 se poate urmări modul de calcul al coeficientului de transmitere a forței (CTF), la mecanismul clasic de distribuție, cu determinarea vitezelor principale din cuplă și a forțelor principale din cuplă, cu care se calculează puterile principale și pe baza lor randamentul mecanic al cuplei cinematice superioare (camă-tachet).

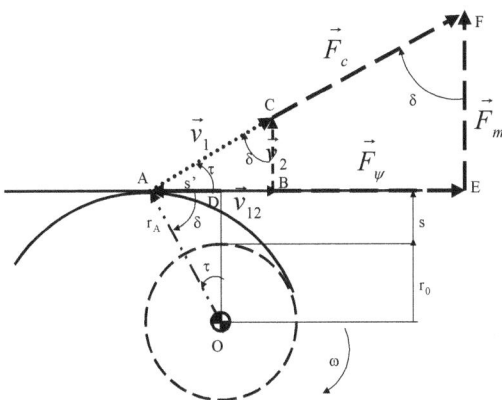

Fig. 4. *Determinarea coeficientului TF la Modulul C. Forțe și viteze.*

Forța motoare consumată, F_c, sau forța motoare de intrare, adică forța motoare redusă la camă (forța motoare redusă la arborele de distribuție), perpendiculară în A pe vectorul r_A, se împarte în două componente perpendiculare între ele: Forța F_m, care reprezintă forța motoare redusă la tachet, sau forța utilă și acționează pe verticală (de jos în sus pe porțiunea de ridicare), ea fiind forța care mișcă tachetul pe porțiunea de ridicare și care este opusă forței rezistente redusă la tachet; Forța F_ψ, care acționează pe orizontală și produce alunecarea dintre cele două profile (camă-tachet), provocând pierderile din sistem datorate alunecărilor dintre profile.

Se pot scrie următoarele relații:

$$F_m = F_c . \sin \tau \qquad (A6.1)$$

$$v_2 = v_1 . \sin \tau \qquad (A6.2)$$

$$P_u = F_m . v_2 = F_c . v_1 . \sin^2 \tau \qquad (A6.3)$$

$$P_c = F_c . v_1 \qquad (A6.4)$$

$$\eta_i = \frac{P_u}{P_c} = \frac{F_c . v_1 . \sin^2 \tau}{F_c . v_1} = \sin^2 \tau = \cos^2 \delta \qquad (A6.5)$$

$$F_\psi = F_c . \cos \tau \qquad (A6.6)$$

$$v_{12} = v_1 . \cos \tau \qquad (A6.7)$$

$$P_\psi = F_\psi . v_{12} = F_c . v_1 . \cos^2 \tau \qquad (A6.8)$$

$$\psi_i = \frac{P_\psi}{P_c} = \frac{F_c . v_1 . \cos^2 \tau}{F_c . v_1} = \cos^2 \tau = \sin^2 \delta \qquad (A6.9)$$

Unde P_c este puterea totală consumată, $P_u = P_m$ reprezintă puterea utilă, P_ψ este puterea pierdută, η_i este coeficientul TF instantaneu al mecanismului, iar ψ_i reprezintă coeficientul instantaneu al pierderilor din mecanism.

Se ştie că suma dintre η_i şi ψ_i trebuie să fie 1, iar dacă facem această verificare ea apare ca adevărată imediat (vezi relaţia 3.37):

$$\eta_i + \psi_i = \sin^2 \tau + \cos^2 \tau = \cos^2 \delta + \sin^2 \delta = 1 \qquad (A6.10)$$

Determinarea coeficientului TF total, pentru cursa de urcare de exemplu, se face prin integrarea coeficientului TF instantaneu, pe porţiunea de ridicare, conform relaţiilor (A6.11-21).

$$\eta = \frac{1}{\Delta \tau} . \int_{\tau_m}^{\tau_M} \eta_i . d\tau \qquad (A6.11)$$

$$\eta = \frac{1}{\Delta \tau} . \int_{\tau_m}^{\tau_M} \sin^2 \tau . d\tau \qquad (A6.12)$$

$$\eta = \frac{1}{2.\Delta \tau} . \int_{\tau_m}^{\tau_M} 2.\sin^2 \tau . d\tau \qquad (A6.13)$$

$$\eta = \frac{1}{2.\Delta\tau} \cdot \int_{\tau_m}^{\tau_M} [1 - \cos(2.\tau)].d\tau \qquad (A6.14)$$

$$\eta = \frac{1}{2.\Delta\tau} \cdot [\tau - \frac{1}{2}.\sin(2.\tau)]_{\tau_m}^{\tau_M} \qquad (A6.15)$$

$$\eta = \frac{1}{2.\Delta\tau} \cdot \{\Delta\tau - \frac{1}{2}.[\sin(2.\tau_M) - \sin(2.\tau_m)]\} \qquad (A6.16)$$

$$\eta = \frac{1}{2} + \frac{\sin(2.\tau_m) - \sin(2.\tau_M)}{4.\Delta\tau} \qquad (A6.17)$$

$$\tau_m = 0 \qquad (A6.18)$$

$$\eta = \frac{1}{2} - \frac{\sin(2.\tau_M)}{4.\tau_M} \qquad (A6.19)$$

$$\eta = \frac{1}{2} - \frac{2.\sin\tau_M.\cos\tau_M}{4.\tau_M} = \frac{1}{2} - \frac{\sin\tau_M.\cos\tau_M}{2.\tau_M} \qquad (A6.20)$$

$$\eta = 0.5 \cdot \{1 - \frac{(r_0 + s_{\tau_M}).s'_{\tau_M}}{\tau_M.[(r_0 + s_{\tau_M})^2 + s'^2_{\tau_M}]}\} \qquad (A6.21)$$

Se determină τ_M şi valorile corespunzătoare ale lui s_{τ_M} şi s'_{τ_M}, după care se calculează, uşor, coeficientul TF total al mecanismului, pentru cursa de urcare. Dificultatea constă în determinarea matematică a valorii τ_M, fapt pentru care în practică se aproximează s'_{τ_M} cu s' la mijlocul intervalului de ridicare şi cu valorile s şi τ care îi corespund, sau se extrag aceste valori prin tabelare.

După determinarea lui τ_M, se poate utiliza pentru calculul randamentului mecanic al cuplei (fără frecări), una din formulele (A6.19-21). Cea mai simplă pare a fi formula A6.19.

$$\eta = \frac{1}{2} - \frac{\sin(2.\tau_M)}{4.\tau_M} \qquad (A6.19)$$

$$tg\,\tau = \frac{s'}{s + r_0} \qquad (A6.22)$$

Modul de lucru: se determină r_0 [mm] prin măsurare.

Dacă se cunosc legile de mișcare (formulele) se calculează s și s' pentru diferitele valori ale unghiului φ. Dacă s a fost determinat direct de pe mecanism prin măsurarea cu un ceas comparator (lucrarea A2), s' se calculează prin derivare numerică. Se completează datele în tabelul de mai jos. Se calculează tgτ, τ [deg], $\eta_i = \sin^2 \tau$.

n	1	2	3	...	...	...	...	...	n
φ [deg]	0	5	10	...	...	...	...	...	φu
S' [mm]									
S [mm]									
$tg\,\tau = \dfrac{s'}{s + r_0}$									
τ [deg]									
$\eta_i = \sin^2 \tau$									

În final se determină randamentul mecanic (fără să se țină seama și de influența frecărilor din cuplă) prin două metode diferite.

Se utilizează mai întâi formula A6.23 la care se determină randamentul total al cuplei prin medierea (aritmetică) a valorilor randamentelor instantanee.

A doua metodă obține direct randamentul mecanic al cuplei, utilizând formula A6.24, în care se introduce pentru τ valoarea maximă luată din tabelul de mai sus.

$$\eta = \frac{\sum\limits_{i=1}^{n} \eta_i}{n} \quad (A6.23) \qquad\qquad \eta = \frac{1}{2} - \frac{\sin(2.\tau_M)}{4.\tau_M} \quad (A6.24)$$

Se compară apoi rezultatele obținute.

A7-A10-SINTEZA DINAMICĂ A CAMEI ROTATIVE CU TACHET TRANSLANT PLAT (LEGEA COS-COS)

O camă rotativă cu tachet de translație plat, utilizează legile cos-cos (la urcare și coborâre).

Să se determine parametrii dinamici și să se completeze tabelul următor. Să se traseze apoi diagrama $\ddot{x} = \ddot{x}(\varphi)$.

Dinamica la cama clasică (legea de mișcare cosinusoidală)									
φ [deg]	0	10	20	...	φ_u	0	10	...	φ_c
s [m]									
s' [m]									
s'' [m]									
s''' [m]									
ω^2 [s^{-2}]									
ε [s^{-2}]									
x [m]									
x' [m]									
x'' [m]									
$\ddot{x}$ [ms^{-2}]									

Se dau următorii parametrii:

R_0=0.013 [m]; h=0.008 [m]; x_0=0.03 [m]; φ_u=π/2; φ_c=π/2; K=5000000 [N/m]; k=20000 [N/m]; m_T=0.1 [kg]; M_c=0.2 [kg]; n_{motor}=5500 [rot/min].

Modul de lucru

Se determină legile de mișcare cu relațiile (1).

$$
\begin{cases}
s = \dfrac{h}{2} - \dfrac{h}{2} \cdot \cos\left(\pi \cdot \dfrac{\varphi}{\varphi_u}\right) \qquad\qquad s_c = \dfrac{h}{2} + \dfrac{h}{2} \cdot \cos\left(\pi \cdot \dfrac{\varphi}{\varphi_c}\right) \\[3mm]
s' \equiv v_r = \dfrac{\pi \cdot h}{2 \cdot \varphi_u} \cdot \sin\left(\pi \cdot \dfrac{\varphi}{\varphi_u}\right) \qquad s_c' = -\dfrac{\pi \cdot h}{2 \cdot \varphi_c} \cdot \sin\left(\pi \cdot \dfrac{\varphi}{\varphi_c}\right) \\[3mm]
s'' \equiv a_r = \dfrac{\pi^2 \cdot h}{2 \cdot \varphi_u^2} \cdot \cos\left(\pi \cdot \dfrac{\varphi}{\varphi_u}\right) \quad s_c'' = -\dfrac{\pi^2 \cdot h}{2 \cdot \varphi_c^2} \cdot \cos\left(\pi \cdot \dfrac{\varphi}{\varphi_c}\right) \\[3mm]
s''' \equiv \alpha_r = -\dfrac{\pi^3 \cdot h}{2 \cdot \varphi_u^3} \cdot \sin\left(\pi \cdot \dfrac{\varphi}{\varphi_u}\right) \quad s_c''' = \dfrac{\pi^3 \cdot h}{2 \cdot \varphi_c^3} \cdot \sin\left(\pi \cdot \dfrac{\varphi}{\varphi_c}\right)
\end{cases}
\tag{1}
$$

În continuare se calculează A, B și ω^2 cu relațiile sistemului (2) și ε cu expresia (4); din (5-8) se scot x, x', x" și $\ddot{x}$.

$$
\begin{cases}
\omega^2 = \omega_m^2 \cdot \dfrac{A}{B} \\[3mm]
A = M_c \cdot R_0^2 + M_c \cdot \dfrac{h^2}{8} + \dfrac{1}{2} \cdot M_c \cdot R_0 \cdot h + \\[3mm]
\quad + \dfrac{1}{8} \cdot M_c \cdot \dfrac{\pi^2 \cdot h^2}{\varphi_0^2} + \dfrac{1}{4} \cdot m_T \cdot \dfrac{\pi^2 \cdot h^2}{\varphi_0^2} \\[3mm]
B = M_c \cdot R_0^2 + M_c \cdot s^2 + 2 \cdot M_c \cdot R_0 \cdot s + M_c \cdot s'^2 + 2 \cdot m_T \cdot s'^2
\end{cases}
\tag{2}
$$

Unde ω_m reprezintă viteza medie nominală a camei și se exprimă la mecanismele de distribuție în funcție de turația arborelui motor (3); $\varphi_0 = \varphi_u$ sau φ_c.

$$
\omega_m = 2 \cdot \pi \cdot v_c = 2 \cdot \pi \cdot \dfrac{n_c}{60} = \dfrac{2 \cdot \pi}{60} \cdot \dfrac{n_{motor}}{2} = \dfrac{\pi \cdot n}{60}
\tag{3}
$$

$$
\varepsilon = -\omega^2 \cdot \dfrac{\left(M_c \cdot s + M_c \cdot R_0 + M_c \cdot s'' + 2 \cdot m_T \cdot s''\right) \cdot s'}{B}
\tag{4}
$$

Pentru un mecanism clasic cu camă și tachet (fără supapă) deplasarea dinamică a tachetului se exprimă cu relația (5).

$$
x = s - \dfrac{(K+k) \cdot m_T \cdot \omega^2 \cdot s'^2 + (k^2 + 2k \cdot K) \cdot s^2 + 2k \cdot x_0 \cdot (K+k) \cdot s}{2 \cdot (K+k)^2 \cdot \left(s + \dfrac{k \cdot x_0}{K+k}\right)}
\tag{5}
$$

Unde x reprezintă deplasarea dinamică a tachetului, în vreme ce s este deplasarea sa normală (cinematică). K este constanta elastică a sistemului, iar k reprezintă constanta elastică a resortului care ține tachetul. S-a notat cu x_0

pretensionarea (prestrângerea) resortului tachetului, cu m_T masa tachetului, cu ω viteza unghiulară a camei (sau a arborelui cu came), s' fiind prima derivată în funcție de φ a deplasării tachetului s. Derivând de două ori, succesiv, expresia (5) în raport cu unghiul φ, se obțin viteza redusă (relația 6) și respectiv accelerația redusă a tachetului (7).

$$\begin{cases} N = (K + k) \cdot m_T \cdot \omega^2 \cdot s'^2 + (k^2 + 2k \cdot K) \cdot s^2 + 2k \cdot x_0 \cdot (K + k) \cdot s \\ M = \left[(K + k) m_T \omega^2 \cdot 2s's'' + (k^2 + 2kK) \cdot 2ss' + 2kx_0 (K + k) \cdot s' \right] \cdot \\ \quad \cdot \left(s + \dfrac{kx_0}{K + k} \right) - N \cdot s' \\ x' = s' - \dfrac{M}{2 \cdot (K + k)^2 \cdot \left(s + \dfrac{kx_0}{K + k} \right)^2} \end{cases} \tag{6}$$

$$\begin{cases} N = (K + k) \cdot m_T \cdot \omega^2 \cdot s'^2 + (k^2 + 2k \cdot K) \cdot s^2 + 2k \cdot x_0 \cdot (K + k) \cdot s \\ M = \left[(K + k) m_T \omega^2 \cdot 2s's'' + (k^2 + 2kK) \cdot 2ss' + 2kx_0 (K + k) \cdot s' \right] \cdot \\ \quad \cdot \left(s + \dfrac{kx_0}{K + k} \right) - N \cdot s' \\ O = (K + k) \cdot m_T \cdot \omega^2 \cdot 2 \cdot (s''^2 + s' \cdot s''') + \\ \quad + (k^2 + 2 \cdot k \cdot K) \cdot 2 \cdot (s'^2 + s \cdot s'') + 2 \cdot k \cdot x_0 \cdot (K + k) \cdot s'' \\ x'' = s'' - \dfrac{\left[O \cdot \left(s + \dfrac{kx_0}{K + k} \right) - N \cdot s'' \right] \cdot \left(s + \dfrac{kx_0}{K + k} \right) - M \cdot 2 \cdot s'}{2 \cdot (K + k)^2 \cdot \left(s + \dfrac{kx_0}{K + k} \right)^3} \end{cases} \tag{7}$$

În continuare se poate determina direct accelerația reală (dinamică) a tachetului utilizând relația (8).

$$\ddot{x} = x'' \cdot \omega^2 + x' \cdot \varepsilon \tag{8}$$

Urmează **Analiza Dinamică**, în cadrul căreia se modifică **k, x₀, r₀, h, φᵤ**, și legile de mișcare utilizate.

A11-A14-SINTEZA DINAMICĂ A CAMEI ROTATIVE CU TACHET TRANSLANT CU ROLĂ (LEGEA COS-COS)

Cama rotativă cu tachet de translație cu rolă sau bilă, se sintetizează dinamic urmărind relațiile viitoare și figura de mai jos.

Se determină pentru început momentul de inerție masic (mecanic) al mecanismului, redus la elementul de rotație, adică la camă (practic se utilizează conservarea energiei cinetice; sistemul 1).

S-a considerat pentru legea de mișcare a tachetului varianta clasică deja utilizată a legii cosinusoidale (atât pentru urcare cât și pentru coborâre).

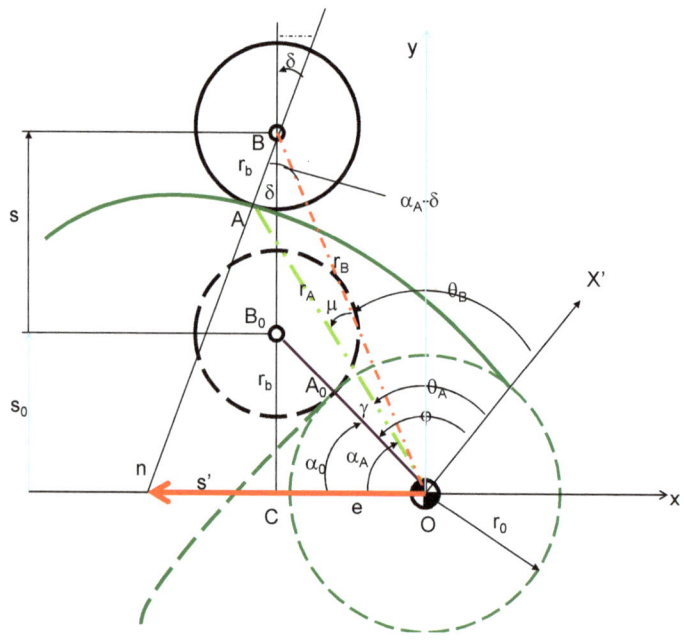

Fig. 1. *Schema cinematică a unei came rotative cu tachet translant cu rolă*

$$\begin{cases}
J_{cama} = \dfrac{1}{2} \cdot M_c \cdot R^2 \\[2mm]
R^2 \equiv r_A^2 = x_A^2 + y_A^2 = e^2 + r_b^2 \cdot \sin^2 \delta + 2 \cdot e \cdot r_b \cdot \sin \delta + \\[1mm]
\quad + (s_0 + s)^2 + r_b^2 \cdot \cos^2 \delta - 2 \cdot r_b \cdot (s_0 + s) \cdot \cos \delta \\[2mm]
r_A^2 = e^2 + r_b^2 + (s_0 + s)^2 + 2 \cdot r_b \cdot [e \cdot \sin \delta - (s_0 + s) \cdot \cos \delta] \\[2mm]
r_A^2 = e^2 + r_b^2 + (s_0 + s)^2 + 2 \cdot r_b \cdot e \cdot \dfrac{s' - e}{\sqrt{(s_0 + s)^2 + (s' - e)^2}} - \\[4mm]
\quad - 2 \cdot r_b \cdot (s_0 + s) \cdot \dfrac{(s_0 + s)}{\sqrt{(s_0 + s)^2 + (s' - e)^2}} \\[4mm]
r_A^2 = e^2 + r_b^2 + (s_0 + s)^2 - \dfrac{2 \cdot r_b \cdot (s_0 + s)^2}{\sqrt{(s_0 + s)^2 + (s' - e)^2}} + \\[4mm]
\quad + \dfrac{2 \cdot r_b \cdot e \cdot (s' - e)}{\sqrt{(s_0 + s)^2 + (s' - e)^2}} \\[4mm]
J_m^* = \dfrac{1}{2} \cdot M_c \cdot \left(r_0^2 + r_b^2 + r_0 \cdot r_b \right) + \dfrac{1}{4} \cdot M_c \cdot s_0 \cdot h + \dfrac{1}{16} \cdot M_c \cdot h^2 + \\[4mm]
\quad + \dfrac{1}{2} \cdot M_c \cdot r_b \cdot \dfrac{e \cdot \dfrac{\pi \cdot h}{2 \cdot \varphi_0} - e^2 - \left(s_0 + \dfrac{h}{2} \right)^2}{\sqrt{\left(s_0 + \dfrac{h}{2} \right)^2 + \left(\dfrac{\pi \cdot h}{2 \cdot \varphi_0} - e \right)^2}} + \dfrac{m_T \cdot \pi^2 \cdot h^2}{8 \cdot \varphi_0^2} \\[6mm]
J^* = \dfrac{1}{2} \cdot M_c \cdot \left(2 \cdot r_b^2 + r_0^2 + 2 \cdot r_0 \cdot r_b \right) + M_c \cdot s_0 \cdot s + \dfrac{1}{2} \cdot M_c \cdot s^2 + \\[4mm]
\quad + M_c \cdot r_b \cdot \dfrac{e \cdot s' - e^2 - (s_0 + s)^2}{\sqrt{(s_0 + s)^2 + (s' - e)^2}} + m_T \cdot s'^2
\end{cases} \qquad (1)$$

Viteza unghiulară este o funcție de poziția camei (φ) dar și de turația ei (2); (a se vedea și capitolul 10). Unde ω_m reprezintă viteza medie nominală a camei și se exprimă la mecanismele de distribuție în funcție de turația arborelui motor (3).

$$\omega^2 = \dfrac{J_m^*}{J^*} \cdot \omega_m^2 \;\; (2) \qquad \omega_m = 2 \cdot \pi \cdot v_c = 2 \cdot \pi \cdot \dfrac{n_c}{60} = \dfrac{2 \cdot \pi}{60} \cdot \dfrac{n_{motor}}{2} = \dfrac{\pi \cdot n}{60} \;\; (3)$$

Vom porni simularea cu o lege de mișcare clasică, și anume legea *cosinus*oidală. Legea cosinus se exprimă prin relațiile sistemului (4).

$$\left\{ \begin{array}{ll} s = \dfrac{h}{2} - \dfrac{h}{2} \cdot \cos\left(\pi \cdot \dfrac{\varphi}{\varphi_u}\right) & s_c = \dfrac{h}{2} + \dfrac{h}{2} \cdot \cos\left(\pi \cdot \dfrac{\varphi}{\varphi_c}\right) \\[3mm] s' \equiv v_r = \dfrac{\pi \cdot h}{2 \cdot \varphi_u} \cdot \sin\left(\pi \cdot \dfrac{\varphi}{\varphi_u}\right) & s_c' = -\dfrac{\pi \cdot h}{2 \cdot \varphi_c} \cdot \sin\left(\pi \cdot \dfrac{\varphi}{\varphi_c}\right) \\[3mm] s'' \equiv a_r = \dfrac{\pi^2 \cdot h}{2 \cdot \varphi_u^2} \cdot \cos\left(\pi \cdot \dfrac{\varphi}{\varphi_u}\right) & s_c'' = -\dfrac{\pi^2 \cdot h}{2 \cdot \varphi_c^2} \cdot \cos\left(\pi \cdot \dfrac{\varphi}{\varphi_c}\right) \\[3mm] s''' \equiv \alpha_r = -\dfrac{\pi^3 \cdot h}{2 \cdot \varphi_u^3} \cdot \sin\left(\pi \cdot \dfrac{\varphi}{\varphi_u}\right) & s_c''' = \dfrac{\pi^3 \cdot h}{2 \cdot \varphi_c^3} \cdot \sin\left(\pi \cdot \dfrac{\varphi}{\varphi_c}\right) \end{array} \right. \tag{4}$$

Unde φ variază (ia valori) de la 0 la φ_0. J_{max} se produce pentru $\varphi = \varphi_0/2$.

Cu relația (5) se exprimă prima derivată a momentului de inerție mecanic redus. Acesta este necesar determinării accelerației unghiulare (6).

$$J^{*'} = M_c \cdot s_0 \cdot s' + M_c \cdot s \cdot s' + 2 \cdot m_T \cdot s' \cdot s'' +$$
$$+ M_c \cdot r_b \cdot \frac{\left[e \cdot s'' - 2 \cdot (s_0 + s) \cdot s'\right] \cdot \left[(s_0 + s)^2 + (s' - e)^2\right]}{\left[(s_0 + s)^2 + (s' - e)^2\right]^{3/2}} - \tag{5}$$
$$- M_c \cdot r_b \cdot \frac{\left[e \cdot s' - e^2 - (s_0 + s)^2\right] \cdot \left[(s_0 + s) \cdot s' + (s' - e) \cdot s''\right]}{\left[(s_0 + s)^2 + (s' - e)^2\right]^{3/2}}$$

Derivând formula (2), în funcție de timp, se obține expresia accelerației unghiulare (6).

$$\varepsilon = -\frac{\omega^2}{2} \cdot \frac{J^{*'}}{J^*} \tag{6}$$

Relațiile (2) și (6) utilizate și la capitolul anterior au un caracter general, și reprezintă practic două ecuații de mișcare originale extrem de importante pentru mecanică și mecanisme.

Pentru un mecanism cu camă de rotație și tachet (fără supapă) de translație cu rolă sau bilă, deplasarea dinamică a tachetului se exprimă cu relația (7) care a fost prezentată și dedusă în cadrul capitolului 9 (relația 134), iar acum se va particulariza prin anularea masei supapei, ajungând la forma de mai jos (7).

$$x = s - \frac{(K + k) \cdot m_T \cdot \omega^2 \cdot s'^2 + (k^2 + 2k \cdot K) \cdot s^2 + 2k \cdot x_0 \cdot (K + k) \cdot s}{2 \cdot (K + k)^2 \cdot \left(s + \dfrac{k \cdot x_0}{K + k}\right)} \tag{7}$$

Unde x reprezintă deplasarea dinamică a tachetului, în vreme ce s este deplasarea sa normală (cinematică). K este constanta elastică a sistemului, iar k reprezintă constanta elastică a resortului care ține tachetul. S-a notat cu x_0 pretensionarea (prestrângerea) resortului tachetului, cu m_T masa tachetului, cu ω viteza unghiulară a camei (sau a arborelui cu came), s' fiind prima derivată în funcție de φ a deplasării tachetului s. Derivând de două ori, succesiv, expresia (7) în raport cu unghiul φ, se obțin viteza redusă (relația 8) și respectiv accelerația redusă a tachetului (9).

$$\begin{cases} N = (K + k) \cdot m_T \cdot \omega^2 \cdot s'^2 + (k^2 + 2k \cdot K) \cdot s^2 + 2k \cdot x_0 \cdot (K + k) \cdot s \\ M = \left[(K + k) m_T \omega^2 \cdot 2s's'' + \left(k^2 + 2kK \right) \cdot 2ss' + 2kx_0 (K + k) \cdot s' \right] \cdot \\ \quad \cdot \left(s + \dfrac{kx_0}{K + k} \right) - N \cdot s' \\ x' = s' - \dfrac{M}{2 \cdot (K + k)^2 \cdot \left(s + \dfrac{kx_0}{K + k} \right)^2} \end{cases} \tag{8}$$

$$\begin{cases} N = (K + k) \cdot m_T \cdot \omega^2 \cdot s'^2 + (k^2 + 2k \cdot K) \cdot s^2 + 2k \cdot x_0 \cdot (K + k) \cdot s \\ M = \left[(K + k) m_T \omega^2 \cdot 2s's'' + \left(k^2 + 2kK \right) \cdot 2ss' + 2kx_0 (K + k) \cdot s' \right] \cdot \\ \quad \cdot \left(s + \dfrac{kx_0}{K + k} \right) - N \cdot s' \\ O = (K + k) \cdot m_T \cdot \omega^2 \cdot 2 \cdot \left(s''^2 + s' \cdot s''' \right) + \\ \quad + \left(k^2 + 2 \cdot k \cdot K \right) \cdot 2 \cdot \left(s'^2 + s \cdot s'' \right) + 2 \cdot k \cdot x_0 \cdot (K + k) \cdot s'' \\ x'' = s'' - \dfrac{\left[O \cdot \left(s + \dfrac{kx_0}{K + k} \right) - N \cdot s'' \right] \cdot \left(s + \dfrac{kx_0}{K + k} \right) - M \cdot 2 \cdot s'}{2 \cdot (K + k)^2 \cdot \left(s + \dfrac{kx_0}{K + k} \right)^3} \end{cases} \tag{9}$$

În continuare se poate determina direct accelerația reală (dinamică) a tachetului utilizând relația (10).

$$\ddot{x} = x'' \cdot \omega^2 + x' \cdot \varepsilon \tag{10}$$

MODUL DE LUCRU:

Se dau următorii parametrii:

R_0=0.013 [m]; r_b=0.005 [m]; h=0.008 [m]; e=0.01 [m]; x_0=0.03 [m]; φ_u=π/2; φ_c=π/2; K=5000000 [N/m]; k=20000 [N/m]; m_T=0.1 [kg]; M_c=0.2 [kg]; n_{motor}=5500 [rot/min].

Utilizând relațiile anterioare să se calculeze parametrii din tabelul de mai jos.

Dinamica la cama clasică (legea de mișcare cosinusoidală)									
φ [deg]	0	10	20	...	φ_u	0	10	...	φ_c
s [m]									
s' [m]									
s'' [m]									
s''' [m]									
ω^2 [s^{-2}]									
ε [s^{-2}]									
x [m]									
x' [m]									
x'' [m]									
$\ddot{x}$ [ms^{-2}]									

Sinteza dinamică.

Pentru a se realiza o sinteză dinamică, pe baza unui program de calcul, se pot varia datele de intrare până când se obține o accelerație corespunzătoare (vezi figura 2). Se sintetizează apoi profilul corespunzător al camei (figura 3) utilizând relațiile (11).

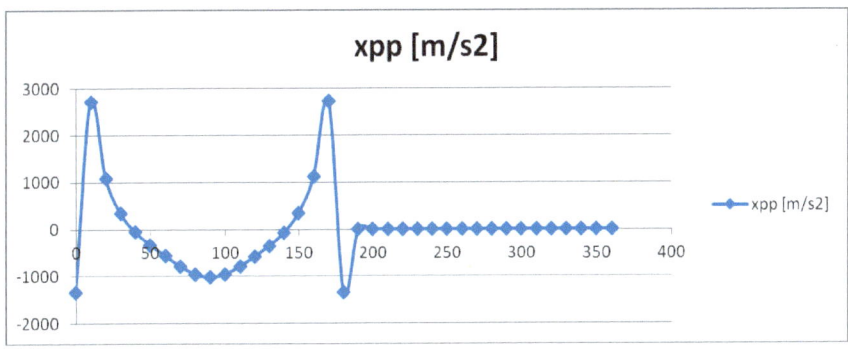

Fig. 2. *Analiza dinamică a camei (diagrama accelerațiilor)*

$$
\left\{
\begin{array}{l}
\left\{
\begin{array}{l}
x_T = -e - r_b \cdot \sin\ \delta \\[2em]
y_T = \left(s_0 + s\right) - r_b \cdot \cos\ \delta
\end{array}
\right. \\[4em]
\left\{
\begin{array}{l}
x_C = x_T \cdot \cos\ \varphi - y_T \cdot \sin\ \varphi \\[2em]
y_C = x_T \cdot \sin\ \varphi + y_T \cdot \cos\ \varphi
\end{array}
\right. \\[4em]
\left\{
\begin{array}{l}
x_C = \left(- e - r_b \cdot \sin\ \delta\right) \cdot \cos\ \varphi - \left[\left(s_0 + s\right) - r_b \cdot \cos\ \delta\right] \cdot \sin\ \varphi \\[2em]
y_C = \left(- e - r_b \cdot \sin\ \delta\right) \cdot \sin\ \varphi + \left[\left(s_0 + s\right) - r_b \cdot \cos\ \delta\right] \cdot \cos\ \varphi
\end{array}
\right.
\end{array}
\right.
\tag{11}
$$

27

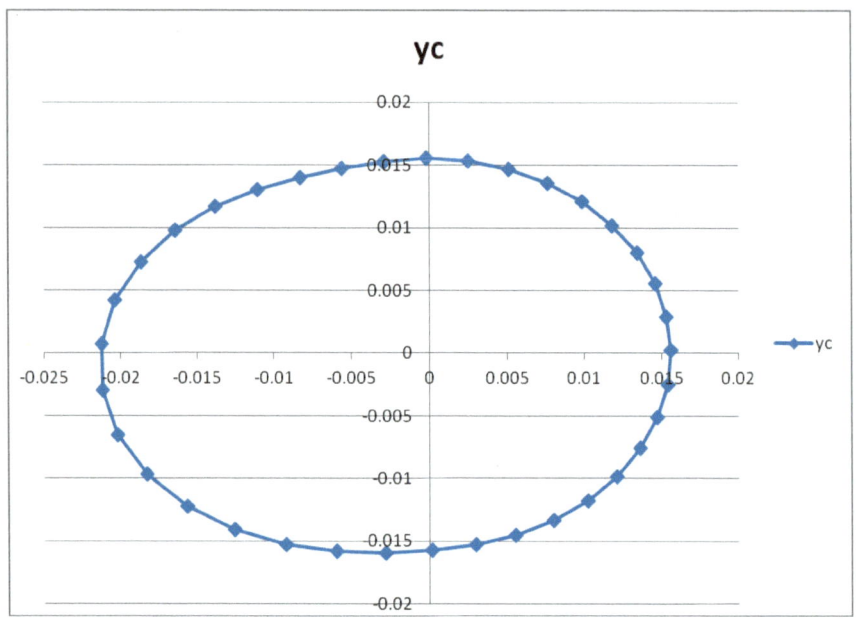

Fig. 3. *Profilul camei rotative cu tachet translant cu rolă*

$r_b=0.003 \ [m]$; $e=0.003 \ [m]$; $h=0.006 \ [m]$; $r_0=0.013 \ [m]$; $\varphi_0=\pi/2 \ [rad]$;

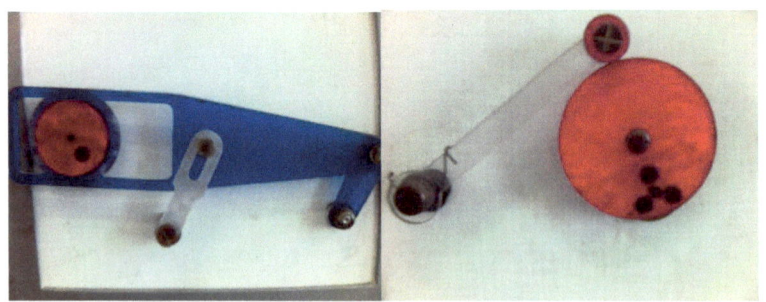

A15-18-DETERMINAREA RANDAMENTULUI LA MECANISMELE CU CAMĂ ŞI TACHET

1 Introducere

Se prezintă forţele şi randamentele pentru patru tipuri principale camă-tachet:

1. Un mecanism cu camă rotativă şi tachet translant cu talpă (plat);

2. Un mecanism cu camă rotativă şi tachet de translaţie cu rolă;

3. Un mecanism cu camă rotativă şi tachet rotativ (balansier) cu rolă;

4. Un mecanism cu camă rotativă şi tachet rotativ (balansier) plat.

Pentru fiecare modul în parte se prezintă geometria, forţele ce acţionează în cupla respectivă, vitezele, puterile şi randamentul.

2 Determinarea randamentului instantaneu la cama rotativă cu tachet translant plat

Forţa motoare, consumată, F_c, perpendiculară în A pe vectorul r_A, se divide în două componente: a) F_m, care reprezintă forţa utilă, sau motoare redusă la tachet; b) F_ψ, care este forţa de alunecare între cele două profile în contact (camă-tachet) (a se vedea fig. 1). Relaţiile de calcul sunt (2.1-2.10):

$$F_m = F_c \cdot \sin \tau \qquad (2.1)$$

$$v_2 = v_1 \cdot \sin \tau \qquad (2.2)$$

$$P_u = F_m \cdot v_2 = F_c \cdot v_1 \cdot \sin^2 \tau \qquad (2.3)$$

$$P_c = F_c \cdot v_1 \qquad (2.4)$$

$$\eta_i = \frac{P_u}{P_c} = \frac{F_c \cdot v_1 \cdot \sin^2 \tau}{F_c \cdot v_1} = \sin^2 \tau = \cos^2 \delta \qquad (2.5)$$

$$\sin^2 \tau = \frac{s'^2}{r_A^2} = \frac{s'^2}{(r_0 + s)^2 + s'^2} \tag{2.6}$$

$$F_\psi = F_c \cdot \cos \tau \tag{2.7}$$

$$v_{12} = v_1 \cdot \cos \tau \tag{2.8}$$

$$P_\psi = F_\psi \cdot v_{12} = F_c \cdot v_1 \cdot \cos^2 \tau \tag{2.9}$$

$$\psi_i = \frac{P_\psi}{P_c} = \frac{F_c \cdot v_1 \cdot \cos^2 \tau}{F_c \cdot v_1} = \cos^2 \tau = \sin^2 \delta \tag{2.10}$$

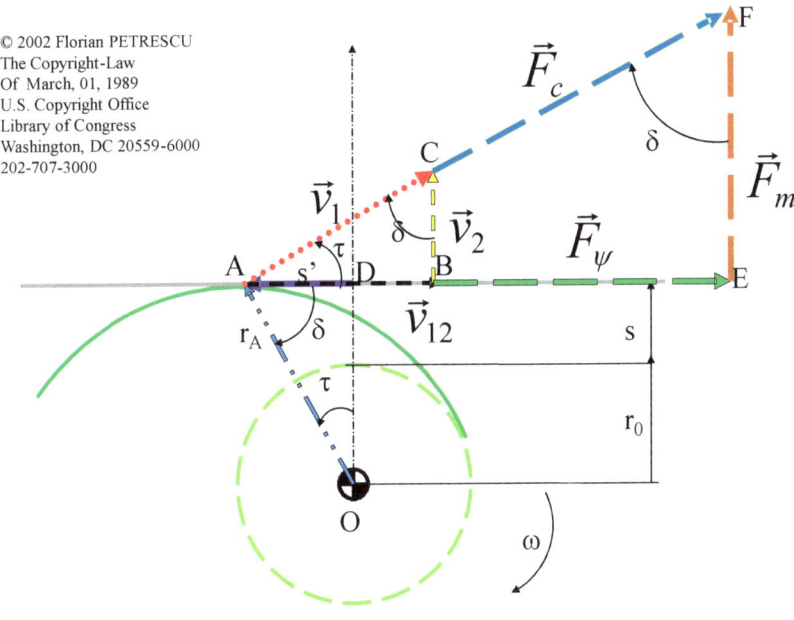

Fig. 1 *Forţe şi viteze la cama cu tachet plat translant*

3 Determinarea randamentului mecanic instantaneu la cama rotativă cu tachet translant cu rolă

Unghiul de presiune δ (Fig. 2), este determinat de relaţiile (3.5-3.6). Putem scrie apoi relaţiile care determină forţele, vitezele şi puterile (3.13-3.18). F_m, v_m, sunt perpendiculare pe vectorul r_A în A. F_m se divide în două componente: F_a (forţa de alunecare) şi F_n

(forţa normală). F_n se divide deasemena în două componente: F_i (forţa de încovoiere) şi F_u (forţa utilă). Randamentul dinamic instantaneu se poate obţine din relaţia (3.18):

Relaţiile scrise sunt următoarele.

$$r_B^2 = e^2 + (s_0 + s)^2 \tag{3.1}$$

$$r_B = \sqrt{r_B^2} \tag{3.2}$$

$$\cos \alpha_B \equiv \sin \tau = \frac{e}{r_B} \tag{3.3}$$

$$\sin \alpha_B \equiv \cos \tau = \frac{s_0 + s}{r_B} \tag{3.4}$$

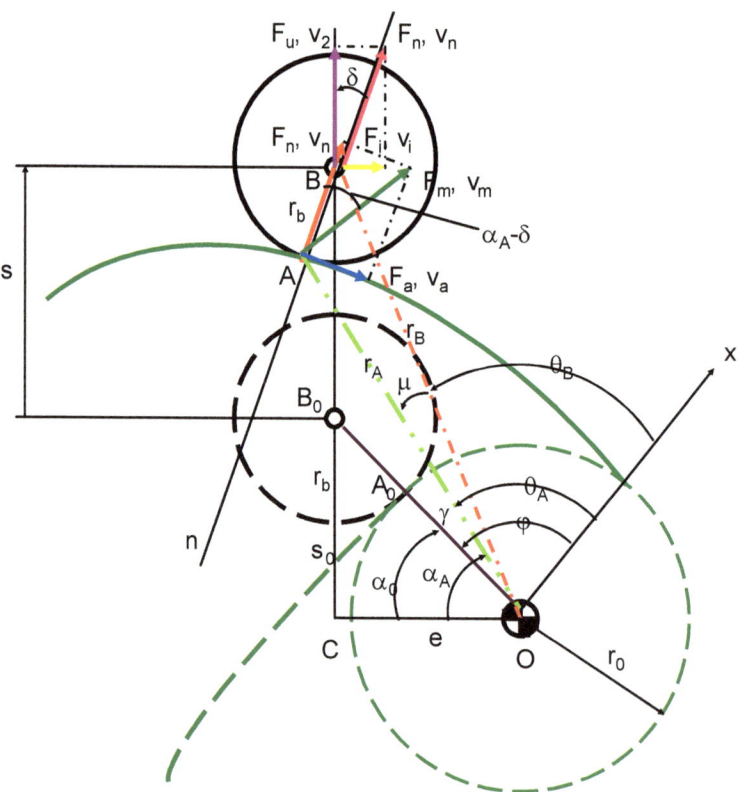

Fig. 2 *Forţele şi vitezele la cama rotativă cu tachet translant cu rolă*

$$\cos \delta = \frac{s_0 + s}{\sqrt{(s_0 + s)^2 + (s'-e)^2}} \tag{3.5}$$

$$\sin \delta = \frac{s'-e}{\sqrt{(s_0 + s)^2 + (s'-e)^2}} \tag{3.6}$$

$$\cos(\delta + \tau) = \cos \delta \cdot \cos \tau - \sin \delta \cdot \sin \tau \tag{3.7}$$

$$r_A^2 = r_B^2 + r_b^2 - 2 \cdot r_b \cdot r_B \cdot \cos(\delta + \tau) \tag{3.8}$$

$$\cos \alpha_A = \frac{e \cdot \sqrt{(s_0 + s)^2 + (s'-e)^2} + r_b \cdot (s'-e)}{r_A \cdot \sqrt{(s_0 + s)^2 + (s'-e)^2}} \tag{3.9}$$

$$\sin \alpha_A = \frac{(s_0 + s) \cdot [\sqrt{(s_0 + s)^2 + (s'-e)^2} - r_b]}{r_A \cdot \sqrt{(s_0 + s)^2 + (s'-e)^2}} \tag{3.10}$$

$$\cos(\alpha_A - \delta) = \frac{(s_0 + s) \cdot s'}{r_A \cdot \sqrt{(s_0 + s)^2 + (s'-e)^2}} = \frac{s'}{r_A} \cdot \cos \delta \tag{3.11}$$

$$\cos(\alpha_A - \delta) \cdot \cos \delta = \frac{s'}{r_A} \cdot \cos^2 \delta \tag{3.12}$$

$$\begin{cases} v_a = v_m \cdot \sin(\alpha_A - \delta) \\ F_a = F_m \cdot \sin(\alpha_A - \delta) \end{cases} \tag{3.13}$$

$$\begin{cases} v_n = v_m \cdot \cos(\alpha_A - \delta) \\ F_n = F_m \cdot \cos(\alpha_A - \delta) \end{cases} \tag{3.14}$$

$$\begin{cases} v_i = v_n \cdot \sin \delta \\ F_i = F_n \cdot \sin \delta \end{cases} \tag{3.15}$$

$$\begin{cases} v_2 = v_n \cdot \cos \delta = v_m \cdot \cos(\alpha_A - \delta) \cdot \cos \delta \\ F_u = F_n \cdot \cos \delta = F_m \cdot \cos(\alpha_A - \delta) \cdot \cos \delta \end{cases} \tag{3.16}$$

$$\begin{cases} P_u = F_u \cdot v_2 = F_m \cdot v_m \cdot \cos^2(\alpha_A - \delta) \cdot \cos^2 \delta \\ P_c = F_m \cdot v_m \end{cases} \tag{3.17}$$

$$\eta_i = \frac{P_u}{P_c} = \frac{F_m \cdot v_m \cdot \cos^2(\alpha_A - \delta) \cdot \cos^2 \delta}{F_m \cdot v_m} = \tag{3.18}$$

$$= [\cos(\alpha_A - \delta) \cdot \cos \delta]^2 = [\frac{s'}{r_A} \cdot \cos^2 \delta]^2 = \frac{s'^2}{r_A^2} \cdot \cos^4 \delta$$

4 Determinarea randamentului dynamic instantaneu la cama rotativă cu tachet rotativ (balansier) cu rolă

F_m, v_m, sunt perpendiculare pe vectorul r_A în A. F_m se divide în F_a (forţa de alunecare) şi F_n (forţa normală). F_n se divide deasemenea în două componente: F_c (forţa de compresie) şi F_u (forţa utilă). Relaţiile scrise sunt următoarele (4.1-4.31).

$$\cos \psi_0 = \frac{b^2 + d^2 - (r_0 + r_b)^2}{2 \cdot b \cdot d} \tag{4.1}$$

$$\psi_2 = \psi + \psi_0 \tag{4.2}$$

$$RAD = \sqrt{d^2 + b^2(1 - \psi')^2 - 2bd(1 - \psi')\cos \psi_2} \tag{4.3}$$

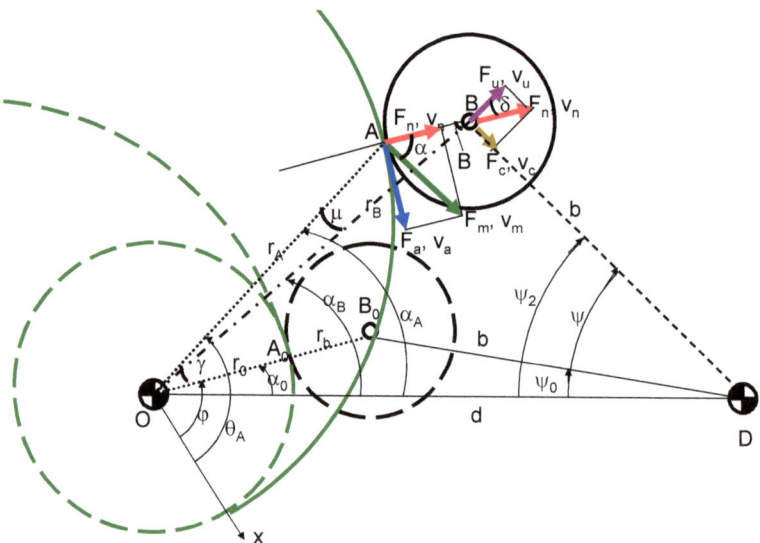

Fig. 3 *Forţele şi vitezele la cama rotativă cu tachet rotativ cu rolă*

$$\sin \delta = \frac{d \cdot \cos \psi_2 + b \cdot \psi' - b}{RAD} \tag{4.4}$$

$$\cos \delta = \frac{d \cdot \sin \psi_2}{RAD} \tag{4.5}$$

$$r_B^2 = b^2 + d^2 - 2 \cdot b \cdot d \cdot \cos \psi_2 \tag{4.6}$$

$$\cos \alpha_B = \frac{d^2 + r_B^2 - b^2}{2 \cdot d \cdot r_B} \tag{4.7}$$

$$\sin \alpha_B = \frac{b \cdot \sin \psi_2}{r_B} \tag{4.8}$$

$$\sin(\delta + \psi_2) = \sin \delta \cos \psi_2 + \sin \psi_2 \cos \delta \tag{4.9}$$

$$\cos(\delta + \psi_2) = \cos \delta \cos \psi_2 - \sin \psi_2 \sin \delta \tag{4.10}$$

$$B = \delta + \psi_2 + \alpha_B - \frac{\pi}{2} \tag{4.11}$$

$$\cos B = \sin(\delta + \psi_2 + \alpha_B) \tag{4.12}$$

$$\sin B = -\cos(\delta + \psi_2 + \alpha_B) \tag{4.13}$$

$$\cos B = \sin(\delta + \psi_2) \cdot \cos \alpha_B + \sin \alpha_B \cdot \cos(\delta + \psi_2) \tag{4.14}$$

$$\sin B = \sin(\delta + \psi_2) \cdot \sin \alpha_B - \cos \alpha_B \cdot \cos(\delta + \psi_2) \tag{4.15}$$

$$r_A^2 = r_B^2 + r_b^2 - 2 \cdot r_b \cdot r_B \cdot \cos B \tag{4.16}$$

$$\cos \mu = \frac{r_A^2 + r_B^2 - r_b^2}{2 \cdot r_A \cdot r_B} \tag{4.17}$$

$$\sin \mu = \frac{r_b}{r_A} \cdot \sin B \tag{4.18}$$

$$\alpha_A = \alpha_B + \mu \tag{4.19}$$

$$\cos \alpha_A = \cos \alpha_B \cos \mu - \sin \alpha_B \sin \mu \tag{4.20}$$

$$\sin \alpha_A = \sin \alpha_B \cos \mu + \cos \alpha_B \sin \mu \tag{4.21}$$

$$\alpha = \pi - \alpha_A - \psi_2 - \delta \tag{4.22}$$

$$\cos \alpha = -\cos(\psi_2 + \delta + \alpha_A) =$$
$$= \sin(\psi_2 + \delta) \cdot \sin \alpha_A - \cos(\psi_2 + \delta) \cdot \cos \alpha_A \tag{4.23}$$

$$\cos \alpha = \frac{\psi' \cdot b}{r_A} \cdot \cos \delta \quad (4.24) \qquad \cos \alpha \cdot \cos \delta = \frac{\psi' \cdot b}{r_A} \cdot \cos^2 \delta \quad (4.25)$$

$$\begin{cases} F_a = F_m \cdot \sin \alpha \\ v_a = v_m \cdot \sin \alpha \end{cases} (4.26) \qquad \begin{cases} F_n = F_m \cdot \cos \alpha \\ v_n = v_m \cdot \cos \alpha \end{cases} (4.27)$$

$$\begin{cases} F_c = F_n \cdot \sin \delta \\ v_c = v_n \cdot \sin \delta \end{cases} \quad (4.28)$$

$$\begin{cases} F_u = F_n \cdot \cos \delta = F_m \cdot \cos \alpha \cdot \cos \delta \\ v_2 = v_n \cdot \cos \delta = v_m \cdot \cos \alpha \cdot \cos \delta \end{cases} \quad (4.29)$$

$$\begin{cases} P_u = F_u \cdot v_2 = F_m \cdot v_m \cdot \cos^2 \alpha \cdot \cos^2 \delta \\ P_c = F_m \cdot v_m \end{cases} \quad (4.30)$$

$$\eta_i = \frac{P_u}{P_c} = \cos^2 \alpha \cdot \cos^2 \delta = (\cos \alpha \cdot \cos \delta)^2 =$$

$$= (\frac{\psi' \cdot b}{r_A} \cdot \cos^2 \delta)^2 = \frac{\psi'^2 \cdot b^2}{r_A^2} \cdot \cos^4 \delta \quad (4.31)$$

5 Determinarea randamentului mecanic instantaneu la cama rotativă cu tachet rotativ plat

Relaţiile scrise sunt următoarele (5.1-5.6) (vezi Fig. 4):

$$AH = [\sqrt{d^2 - (r_0 - b)^2} \cdot \cos \psi - (r_0 - b) \cdot \sin \psi] \cdot \frac{\psi'}{1 - \psi'} \quad (5.1)$$

$$OH = b + (r_0 - b) \cdot \cos \psi + \sqrt{d^2 - (r_0 - b)^2} \cdot \sin \psi \quad (5.2)$$

$$r^2 = AH^2 + OH^2 \quad (5.3)$$

$$\sin \tau = \frac{AH}{r}; \quad \sin^2 \tau = \frac{AH^2}{r^2} = \frac{AH^2}{AH^2 + OH^2} \quad (5.4)$$

$$\begin{cases} F_n = F_m \cdot \cos \alpha = F_m \cdot \sin \tau; \\ \\ v_n = v_m \cdot \cos \alpha = v_m \cdot \sin \tau \end{cases} \quad (5.5)$$

$$\eta_i = \frac{P_n}{P_c} = \frac{F_n \cdot v_n}{F_m \cdot v_m} = \frac{F_m \cdot v_m \cdot \sin^2 \tau}{F_m \cdot v_m} = \sin^2 \tau = \frac{AH^2}{AH^2 + OH^2} \quad (5.6)$$

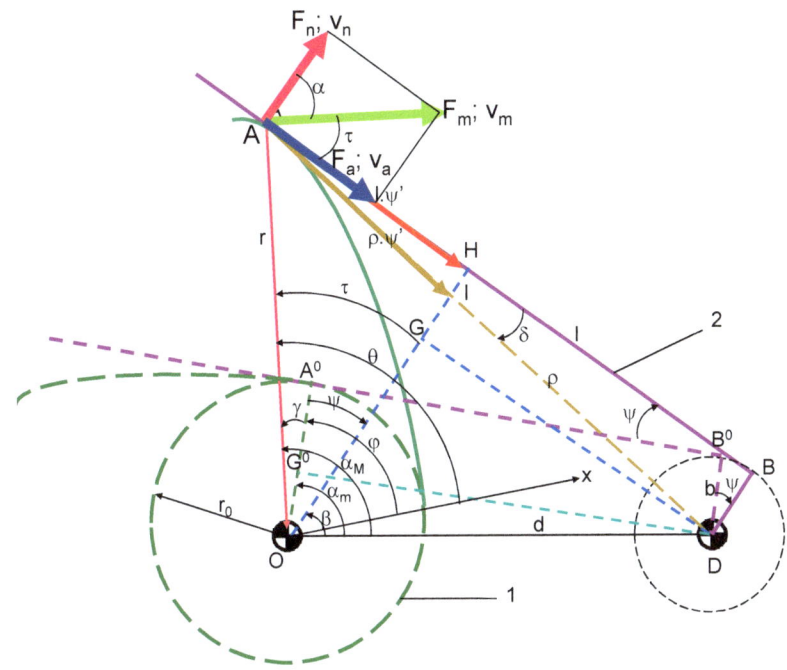

Fig. 4 *Forţele şi vitezele la cama rotativă cu tachet rotativ plat*

Modul de lucru.

La fiecare tip de camă, se impun datele de intrare, iar fiecare student va calcula parametrii de ieşire, cu relaţiile prezentate în lucrare.

A19-SINTEZA GEOMETRICĂ A PROFILULUI CAMEI CLASICE

Putem face sinteza geometrică la cama clasică cu ajutorul cinematicii mecanismului. Se utilizează astfel şi viteza redusă s' rabătută cu 90 deg pentru a completa triunghiul geometric OAB (vezi Fig 1).

$OB=r_0+s$; $BA=s'$; $OA=r=r_A$; $r^2=r_A^2=(r_0+s)^2+s'^2$

Se stabilesc două sisteme rectangulare (carteziene) plane, unul fix, $xOy = x_fOy_f$, iar altul mobil (solidar cu cama) $xOy = x_mOy_m$.

Se utilizează relaţiile următoare:

$$\begin{cases} x_T \equiv x_A^f = s' = r_A \cdot \cos \theta_f \\ y_T \equiv y_A^f = r_0 + s = r_A \cdot \sin \theta_f \end{cases} \tag{1}$$

$$\begin{cases} x_c \equiv x_A^m = r_A \cdot \cos \theta_m = r \cdot \cos\left(\theta_f - \varphi\right) = r \cos \theta_f \cos \varphi + r \sin \theta_f \sin \varphi = \\ = x_T \cos \varphi + y_T \sin \varphi = s' \cdot \cos \varphi + \left(r_0 + s\right) \cdot \sin \varphi \\ \\ y_c \equiv y_A^m = r_A \cdot \sin \theta_m = r \cdot \sin\left(\theta_f - \varphi\right) = r \sin \theta_f \cos \varphi - r \sin \varphi \cos \theta_f = \\ = y_T \cos \varphi - x_T \sin \varphi = \left(r_0 + s\right) \cdot \cos \varphi - s' \cdot \sin \varphi \end{cases} \tag{2}$$

Se mai utilizează şi relaţiile sistemului (3).

$$\begin{cases} \theta_m = \theta_f - \varphi \\ r_A^2 = (r_0 + s)^2 + s'^2 \\ \cos \tau = \dfrac{r_0 + s}{r_A} \\ \sin \tau = \dfrac{s'}{r_A} \end{cases} \tag{3}$$

$$\theta_m = \theta_f - \varphi$$

$$r_A^2 = (r_0 + s)^2 + s'^2$$

$$\cos \tau = \frac{r_0 + s}{r_A}$$

$$\sin \tau = \frac{s'}{r_A}$$

$$\begin{cases} x_T \equiv x_A^f = s' = r_A \cdot \cos \theta_f \\ y_T \equiv y_A^f = r_0 + s = r_A \cdot \sin \theta_f \end{cases}$$

y_f

0

B s' A P

θ_m x_m

tappet

s

A_i^0 P^0

θ_f

τ

A^0 φ $r \equiv r_A$ *cam*

r_0 r_0 φ

r_0 x_f

O

ω

$$\begin{cases} x_c \equiv x_A^m = r_A \cdot \cos \theta_m = r \cdot \cos \left(\theta_f - \varphi \right) = r \cos \theta_f \cos \varphi + r \sin \theta_f \sin \varphi \\ y_c \equiv y_A^m = r_A \cdot \sin \theta_m = r \cdot \sin \left(\theta_f - \varphi \right) = r \sin \theta_f \cos \varphi - r \sin \varphi \cos \theta_f \end{cases}$$

$$\begin{cases} x_c \equiv x_A^m = x_T \cos \varphi + y_T \sin \varphi = s' \cdot \cos \varphi + \left(r_0 + s \right) \cdot \sin \varphi \\ y_c \equiv y_A^m = y_T \cos \varphi - x_T \sin \varphi = \left(r_0 + s \right) \cdot \cos \varphi - s' \cdot \sin \varphi \end{cases}$$

Fig. 1 *Geometria camei clasice*

39

www.ingramcontent.com/pod-product-compliance
Lightning Source LLC
Chambersburg PA
CBHW041115180526
45172CB00001B/265